Cómo quitarse el frío

Elizabeth Austen

Smithsonian

Asesores

Brian Mandell
Especialista de programa
Smithsonian Science Education Center

Chrissy Johnson, M.Ed.
Maestra, escuela primaria Cedar Point
Escuelas del Condado de Prince William, Virginia

Sara Cooper, M.Ed.
Maestra de tercer grado
Distrito Escolar Fullerton

Créditos de publicación

Rachelle Cracchiolo, M.S.Ed., *Editora comercial*
Conni Medina, M.A.Ed., *Redactora jefa*
Diana Kenney, M.A.Ed., NBCT, *Realizadora de la serie*
Emily R. Smith, M.A.Ed., *Directora de contenido*
Véronique Bos, *Directora creativa*
Robin Erickson, *Directora de arte*
Michelle Jovin, M.A., *Editora asociada*
Caroline Gasca, M.S.Ed., *Editora superior*
Mindy Duits, *Diseñadora de la serie*
Lee Aucoin, *Diseñadora gráfica superior*
Walter Mladina, *Investigador de fotografía*
Smithsonian Science Education Center

Créditos de imágenes: pág.17 Auscape/UIG a través de Getty Images; todas las demás imágenes cortesía de iStock y/o Shutterstock.

Library of Congress Cataloging-in-Publication Data

Names: Austen, Elizabeth (Elizabeth Charlotte), author.
Title: Cómo quitarse el frío / Elizabeth Austen, Smithsonian Institution.

Other titles: Staying warm. Spanish
Description: Huntington Beach, CA : Teacher Created Materials, [2020]
Identifiers: LCCN 2019038449 (print) | LCCN 2019038450 (ebook) | ISBN 9780743925921 (paperback) | ISBN 9780743926072 (ebook)
Subjects: LCSH: Body temperature--Regulation--Juvenile literature. | Dwellings--Heating and ventilation--Juvenile literature. | Heating--Juvenile literature. | Cold--Juvenile literature.
Classification: LCC QP135 .A9718 2020 (print) | LCC QP135 (ebook) | DDC 612/.01426--dc23

Smithsonian

Teacher Created Materials

5301 Oceanus Drive
Huntington Beach, CA 92649-1030
www.tcmpub.com

ISBN 978-0-7439-2592-1

Printed in Malaysia
Thumbprints.25940

Contenido

¡Qué frío!

El aire está frío. Se te pone la **piel de gallina**. ¡Tienes que quitarte el frío!

A esta persona se le puso la piel de gallina en el brazo.

Entrar en calor

Cuando hace frío, tal vez queramos entrar en calor. Hay muchas maneras de hacerlo.

Soplar aire caliente en las manos es una manera de calentarlas.

Ciencias

Temblar y tiritar

La gente puede **tiritar** cuando tiene frío. Tiritamos porque los músculos se sacuden. Los músculos se sacuden para crear calor.

A abrigarse

Nuestro cuerpo crea calor. La ropa y las mantas ayudan al cuerpo a mantener el calor. Un buen **refugio** también nos ayuda.

Un suéter grueso ayuda al cuerpo a mantener el calor.

Tecnología e ingeniería

Calentadores de manos

Ocurre una reacción dentro de los calentadores de manos. La reacción libera calor. Las manos calientes ayudan al cuerpo entero a calentarse.

El fuego

El fuego nos ayuda a quitarnos el frío. El fuego calienta todo lo que está cerca. Pero ¡hay que tener cuidado!

Ellas leen junto al fuego cálido.

Unos amigos se sientan alrededor de una fogata para quitarse el frío.

El calefactor

Usamos calefactores para no tener frío. Los calefactores calientan las casas y los edificios. Ayudan a conservar el calor en los días fríos.

Estos calefactores se pueden usar para calentar las casas.

Esto ayuda a
controlar el calor.

Las bebidas calientes

Las bebidas calientes nos ayudan a quitarnos el frío. Y también pueden ser una buena manera de darse un gusto en un día frío.

El chocolate caliente puede quitarnos el frío.

Esta niña come sopa caliente.

¡A moverse!

Podemos entrar en calor en cualquier momento. ¡Solo hay que moverse! El cuerpo se calienta enseguida.

Este niño se mueve para quitarse el frío.

Arte y matemáticas

Pingüinos apiñados

Los pingüinos **se apiñan** para quitarse el frío. Se colocan de pie en la forma y en el patrón que sirven mejor para mantener a todos los pingüinos calentitos.

Abrigados y calentitos

Todos necesitamos calor. ¡Qué bueno que existan muchas formas de quitarse el frío!

Estas amigas usan ropa abrigada en un día frío.

Esta niña se quita el frío con una manta.

DESAFÍO DE CTIAM

El problema

Tu clase está de excursión y no hay refugios cerca. De repente, empieza a hacer mucho frío. Necesitan un refugio para protegerse del frío. Hay muchos árboles alrededor. Tienen mantas. Pero las mantas no alcanzan para todos. ¿Qué harás?

Los objetivos

- Diseña el modelo de un refugio que tenga más o menos el tamaño de una hoja de papel.
- Diseña el modelo con ramas, arcilla, hojas de árboles, lana y/o tela.
- Diseña una entrada para el refugio por la que puedas pasar la mano.

1 Investiga y piensa ideas

¿Por qué las personas necesitan quitarse el frío? ¿Cómo ayuda un refugio a protegerse del frío?

2 Diseña y construye

Dibuja tu plan. ¿Cómo funcionará? ¿Qué materiales usarás? ¡Construye tu modelo!

3 Prueba y mejora

Pon tu mano dentro del refugio. Pon un tazón de hielo fuera del refugio. Sopla sobre el hielo en dirección al refugio. ¿Sientes el aire frío? ¿Puedes mejorar tu refugio? Vuelve a intentarlo.

4 Reflexiona y comparte

¿Por qué es importante que la clase entera esté dentro del refugio? ¿Qué otra cosa podría hacer la clase para quitarse el frío?

Glosario

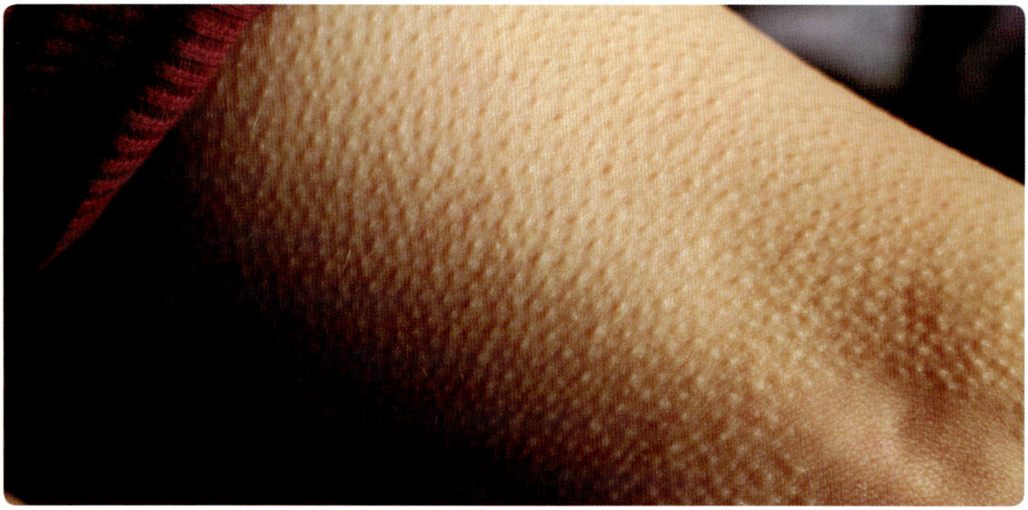

piel de gallina

refugio

se apiñan

tiritar

Consejos profesionales
del Smithsonian

¿Quieres diseñar formas de quitarse el frío?

Estos son algunos consejos para empezar.

"Lee sobre las cosas que hacían las personas para quitarse el frío en el pasado. Después, intenta hacer tus propias herramientas y equipos para quitarte el frío". ***—Tim Winkle, curador***

"Estudia ciencias e ingeniería. También deberías aprender sobre los animales y las plantas, como las ovejas y el algodón. Y lee textos de arte para aprender sobre diseño".
—Madelyn Shaw, curadora